Amna Ziauddin
Saad Ur Rehman Faiz

# UAV para deteção de minas

Amna Ziauddin
Saad Ur Rehman Faiz

# UAV para deteção de minas

ScienciaScripts

Cover image: www.ingimage.com

This book is a translation from the original published under ISBN 978-3-659-86171-0.

Publisher:
Sciencia Scripts
is a trademark of
Dodo Books Indian Ocean Ltd. and OmniScriptum S.R.L publishing group

120 High Road, East Finchley, London, N2 9ED, United Kingdom
Str. Armeneasca 28/1, office 1, Chisinau MD-2012, Republic of Moldova, Europe
Printed at: see last page
**ISBN: 978-620-8-34582-2**

# ÍNDICE

RESUMO

Uma das melhores maneiras de garantir a segurança, especialmente de materiais explosivos como minas ou IEDs, é manter uma distância segura. Este documento apresenta o conceito do detetor de minas metálicas montado num quad-cóptero, que é utilizado como um UAV (Veículo Aéreo Não Tripulado). O projeto permite que uma pessoa detecte e detone/marque materiais perigosos e perigosos a uma distância segura. Uma pequena câmara sem fios, montada no UAV, é utilizada para fins de reconhecimento vídeo da área circundante. O projeto incluiu a conceção do UAV e do detetor de metais, bem como a sua implementação, e terminou com o voo de teste do módulo quad-copter acabado.

# DEDICAÇÕES

*DEDICADO AOS NOSSOS QUERIDOS PAIS, CUJAS ORAÇÕES CONSTANTES E APREÇO TÊM SIDO UMA FONTE DE ENCORAJAMENTO PARA NÓS AO LONGO DE TODO O PROCESSO.*

# AGRADECIMENTOS

Agradecemos sinceramente a todos os que nos ajudaram a concluir o nosso projeto com êxito. Gostaríamos de agradecer especialmente ao nosso DS Dr. Adil Masood Siddiqui, cuja orientação e apoio nos ajudaram e guiaram em todas as fases do nosso projeto e nos mantiveram alinhados com o objetivo do nosso projeto. Gostaríamos também de agradecer ao Brig. Dr. Mauzzam, cuja ajuda e apoio nos guiaram ao longo de algumas das fases muito difíceis do nosso projeto.

# CAPÍTULO 1

## Introdução

As minas terrestres e os engenhos explosivos foram colocados durante os tempos de guerra com o objetivo de garantir a segurança e a defesa contra o inimigo. No entanto, muito depois do fim das guerras, os explosivos permanecem e ameaçam a segurança das pessoas, não só dos desminadores mas também dos civis que vivem nas zonas próximas.

Existem cerca de 84 países em todo o mundo onde as minas terrestres causam problemas. Destes 84 países, 58 registaram vítimas até 2004.

Países do mundo com problemas de minas terrestres

Os observadores das minas terrestres estimam que existem atualmente entre 200 e 215 milhões de minas antipessoal armazenadas, que levariam séculos a eliminar, e que aumentam todos os anos à medida que o ritmo de colocação de novas minas excede o da desminagem.

A utilização de minas terrestres e de IED (Dispositivos Explosivos Improvisados) por organizações terroristas registou um enorme crescimento na última década. As minas terrestres e os IED são um método fácil de construir, barato e isento de riscos para os terroristas, razão pela qual se tornou uma das técnicas mais comuns utilizadas pelos terroristas em todo o mundo, tendo causado mais baixas às forças de segurança do que em combates armados.

Minas terrestres e IEDs

## 1.1 Problemas enfrentados

A remoção destas minas terrestres e de outros materiais explosivos, como os IED, não é apenas um processo longo e cansativo, mas é também arriscado, uma vez que uma única deteção falsa leva à morte de uma pessoa. Embora milhões dessas minas e IEDs tenham sido removidos, outros milhões ainda permanecem enterrados nas áreas de conflito, ferindo ou matando cerca de 15.000 a 20.000 pessoas todos os anos.

As minas terrestres são uma ameaça para a vida humana

Em comparação, as minas terrestres causam mais vítimas todos os anos do que o terrorismo. De acordo com as estatísticas, há cerca de uma vítima de desminagem por cada 1000-2000

minas que são desactivadas

Deteção de minas

## 1.2 Requisitos:

A situação exige um sistema melhor e mais eficiente de desminagem, que possa garantir a segurança da pessoa que desminta essas minas e outros explosivos, uma vez que, em 72% das vezes, o acidente ocorre devido a uma deficiente deteção dos explosivos, e não por culpa da pessoa que os detecta.

## 1.3 Conceito:

O projeto apresenta o conceito de um sistema de deteção de minas autónomo e seguro, que ajudará a diminuir a taxa de vítimas, uma vez que permitirá à pessoa procurar minas e outros explosivos, sem a necessidade de entrar na zona de perigo.

O quad-copter é controlado remotamente e pode facilmente pairar sobre o campo de minas. A bobina do detetor de metais pendurada a cerca de 1 metro abaixo do quadricóptero - com a ajuda de hastes de plástico - é usada para detetar as minas de metal que foram colocadas. Quando uma mina de metal é detectada, é enviado um sinal através do canal VHF - utilizado para controlar o UAV - para o recetor. Este sinal acciona um LED e um sinal sonoro que informam o desminador da deteção de uma mina.

Cenário de deteção de minas com UAV

## 1.4 Porquê UAV?

Anteriormente, tinha-se trabalhado na implementação de um detetor de minas em veículos terrestres não tripulados (UGV). Embora os VANTs sejam mais estáveis do que os UAVs e sejam capazes de levantar mais peso, o maior inconveniente no caso dos VANTs é que, como estão em contacto com o solo, ao passarem por um campo minado podem despoletar uma mina, causando a destruição do dispendioso equipamento. Além disso, os dispositivos explosivos actuais têm uma espécie de bigodes, que não necessitam de muito peso para detonar, mas podem explodir à mínima irritação dos bigodes. Os UAVs - embora não sejam muito capazes de levantar pesos pesados - têm a vantagem de o dispositivo nunca entrar em contacto com o solo. Assim, não só a vida do desminador está fora de perigo, como também o UAV tem um baixo risco de ser destruído.

## 1.5 Estrutura

O projeto consiste num quad-copter como UAV que transporta o detetor de metais como carga útil. A estrutura geral do UAV Ababeel pode ser resumida da seguinte forma

1. O quad-copter como UAV.

2. O detetor de metais utilizado para fornecer o conceito de detectores de minas.

3. A cápsula que pode ser estendida para lançar a bobina.

4. A câmara sem fios utilizada para o reconhecimento vídeo.

5. Escotilha eletrónica para marcação/detonação de explosivos

Além disso, existe um controlador R/C que é utilizado para controlar o voo do UAV.

# CAPÍTULO 2

## O Quad-Copter

### 2.1 O que é um Quad-Copter?

O quad-copter é uma aeronave helicoidal como um helicóptero com seis graus de liberdade.

Eleva-se e impulsiona-se com quatro rotores. O controlo e a manobrabilidade são conseguidos através da alteração relativa da velocidade dos quatro rotores. Os rotores estão colocados equidistantes do centro. O quadricóptero tem um corpo em forma de X que se assemelha a duas barras colocadas em ângulo reto uma com a outra. Um motor é colocado em cada extremidade da barra.

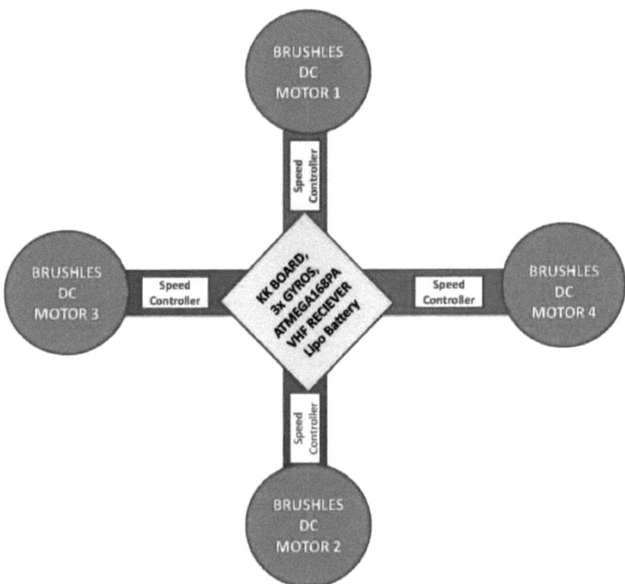


Estrutura básica de um quadricóptero

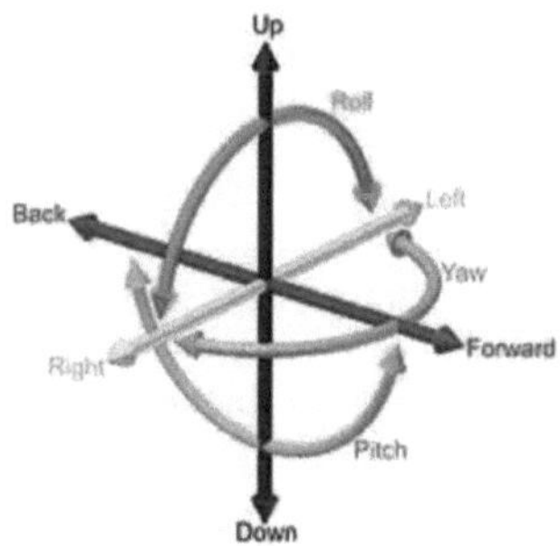


Seis graus de liberdade

## 2.2 Porquê um Quad-Copter?

Existem diferentes tipos de UAV que podem ser implementados para a deteção de minas, em oposição ao quad-copter que utilizámos no nosso projeto, tais como hovercrafts, aviões de mão, pequenos helicópteros, mas todos eles têm as suas desvantagens, por exemplo, os hovercrafts geram impulso perto do solo para gerar elevação suficiente para pairar. Este impulso, num campo de minas, produzirá pressão sobre a mina, fazendo-a explodir. Os aviões de mão - embora leves e estáveis - não são capazes de pairar. Voarão rapidamente sobre o campo de minas, o que não dará ao detetor de minas tempo suficiente para detetar qualquer coisa. Os helicópteros são estruturas muito instáveis. O mais pequeno sopro de vento fá-lo-á voar. Para além disso, fazê-lo pairar perto do solo é uma tarefa complicada, uma vez que se desvia e, como não são muito fáceis de manobrar, os helicópteros são quase impraticáveis para a deteção de minas.

As razões para escolher o quad-copter como plataforma para transportar o nosso detetor de minas são as seguintes:

1. Trata-se de uma estrutura muito mais estável do que qualquer outro tipo de UAV.
2. A conceção de um quad-copter permite uma maior manobrabilidade do que qualquer outro tipo de UAV.

3. É mais barato do que outros tipos de UAV, como os helicópteros.

4. Não deriva.

5. Pode estabilizar-se facilmente (graças aos giroscópios integrados) no caso de ser perturbado pelo vento ou por qualquer outro objeto.

6. Os 4 motores distribuem o peso e, por conseguinte, o impulso é dividido entre os motores, o que não exerce demasiada pressão sobre o solo.

7. A baixas alturas, continua a ser muito estável e permite pairar e efetuar outras manobras perto do solo, o que o torna ideal para zonas como os campos de minas.

## 2.3 Controlo básico do quadricóptero

O Quad copter é controlado através da alteração relativa da velocidade de rotação dos rotores.

Os rotores da frente e de trás estão a rodar no sentido dos ponteiros do relógio e os rotores da esquerda e da direita estão a rodar no sentido contrário ao dos ponteiros do relógio.

Um misturador PWM faz parte da eletrónica do Quad copter, ou seja, da placa KK. Trata os sinais de controlo recebidos sob a forma de aceleração, guinada, inclinação e rotação do controlador FMS e converte-os em sinais de controlo do motor após o seu processamento no microcontrolador Atmega168PA IC. A placa KK permite controlar o Quad copter como qualquer helicóptero tradicional.

A placa KK e o quadricóptero estão configurados na configuração 4xRotores +.

A secção seguinte ilustrará esta configuração e a forma como o Quadcopter executa as manobras nesta configuração.

Nas figuras seguintes, as barras mostram o nível de velocidade do motor. Uma barra preta cheia indica a velocidade total do motor e uma caixa branca representa a velocidade zero do motor.

Quadro KK

As barras mostram o nível de velocidade do motor nas figuras seguintes. Uma barra preta cheia indica a velocidade total do motor e uma caixa branca representa a velocidade zero do motor.

Se todas as 4 barras estiverem a 50%, o Quad copter irá pairar a uma altitude fixa.

Em todas as figuras, o quadricóptero é visto de cima.

### 2.3.1 Acelerador

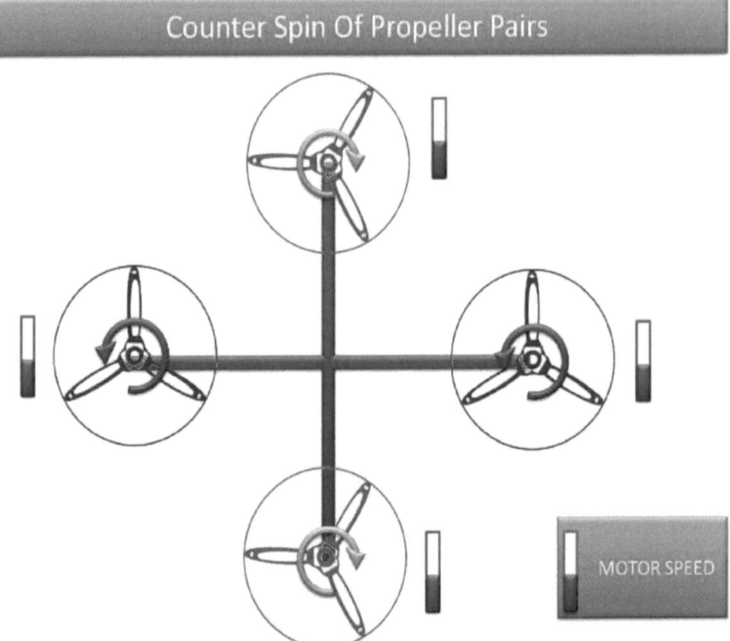


Velocidade dos motores ao aumentar o acelerador

Quando o acelerador é aumentado, a rotação dos quatro motores aumenta simultaneamente. Os rotores criam então uma elevação e o UAV aumenta de altitude.

Os dois rotores em cima e em baixo na figura acima estão a rodar no sentido horário e os dois rotores à esquerda e à direita estão a rodar no sentido anti-horário.

Fazendo com que o binário líquido no quadricóptero seja igual a zero.

**Clockwise Torque - Counter Clock wise Torque =0**

### 2.3.2 Yaw

O movimento de guinada é na verdade a rotação do quad-cóptero em torno do seu próprio eixo. A rotação pode ser no sentido horário ou anti-horário. Existem 2 tipos de movimentos de guinada

1. Guinada no sentido dos ponteiros do relógio

2. Guinada no sentido anti-horário

### 2.3.2.1 Guinada no sentido dos ponteiros do relógio

A elevação geral é mantida, embora a velocidade dos rotores mude. Para fazer o Quad-copter rodar no sentido dos ponteiros do relógio, a velocidade dos rotores superior e inferior é aumentada e a velocidade dos rotores esquerdo e direito é diminuída. Desta forma, o quadricóptero mantém a mesma força de elevação. Além disso, o quadricóptero aumenta a força de arrasto dos dois rotores com maior velocidade, o que faz com que o quadricóptero rode. Uma ilustração do Quad copter a rodar no sentido dos ponteiros do relógio

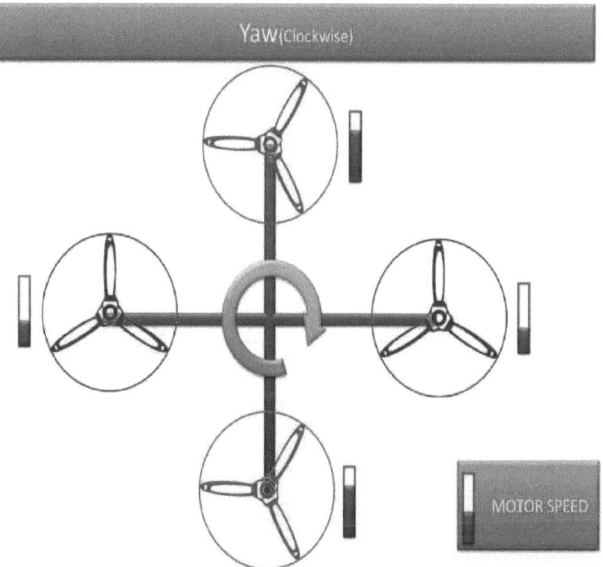


Velocidade dos motores durante um movimento de guinada no sentido dos ponteiros do relógio

### 2.3.2.2 Guinada no sentido anti-horário

Para fazer o Quad-copter girar no sentido anti-horário, o oposto é feito ou seja, aumentar a velocidade dos rotores esquerdo e direito enquanto diminui a velocidade dos rotores superior e inferior, de modo que um torque líquido no sentido anti-horário está presente no corpo do Quad-copter, o que o força a girar no sentido anti-horário em torno de seu próprio eixo.

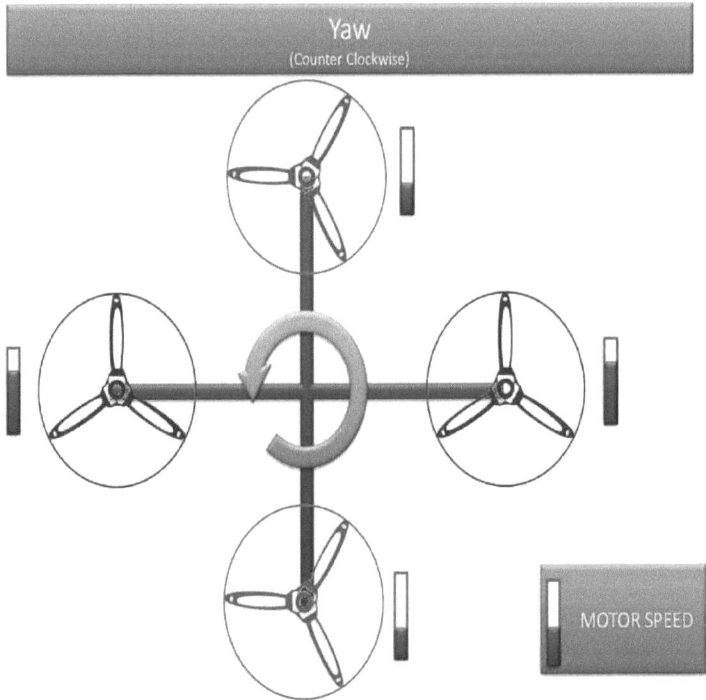


Velocidade dos motores durante um movimento de guinada no sentido contrário ao dos ponteiros do relógio

### 2.3.3 Passo

O pitch é, na verdade, o movimento para a frente e para trás. É utilizado para fazer com que o Quad copter se mova para a frente e para trás. Existem dois tipos de movimento de pitch

1. Passo à frente

2. Passo para trás

#### 2.3.3.1 Passo à frente

O movimento para a frente é o resultado da inclinação do Quad copter para a frente, onde a velocidade do rotor superior diminui e a do rotor inferior aumenta. Durante este movimento, a elevação total tem de ser mantida, mantendo a velocidade dos rotores laterais inalterada.

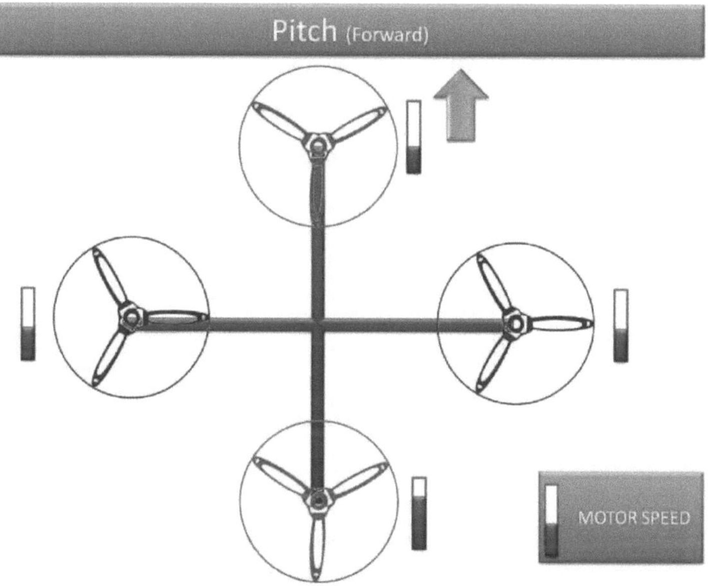


Velocidade dos motores durante um movimento para a frente (passo)

#### 2.3.3.1 Passo para trás

O passo para trás é conseguido através de acções opostas com as velocidades do rotor, tal como é feito para o passo para a frente.

O movimento para trás é o resultado da inclinação do Quad copter para trás, em que a velocidade do rotor inferior é reduzida e a do rotor superior é aumentada. Durante este movimento, a elevação total tem de ser mantida, mantendo a velocidade dos rotores laterais inalterada.

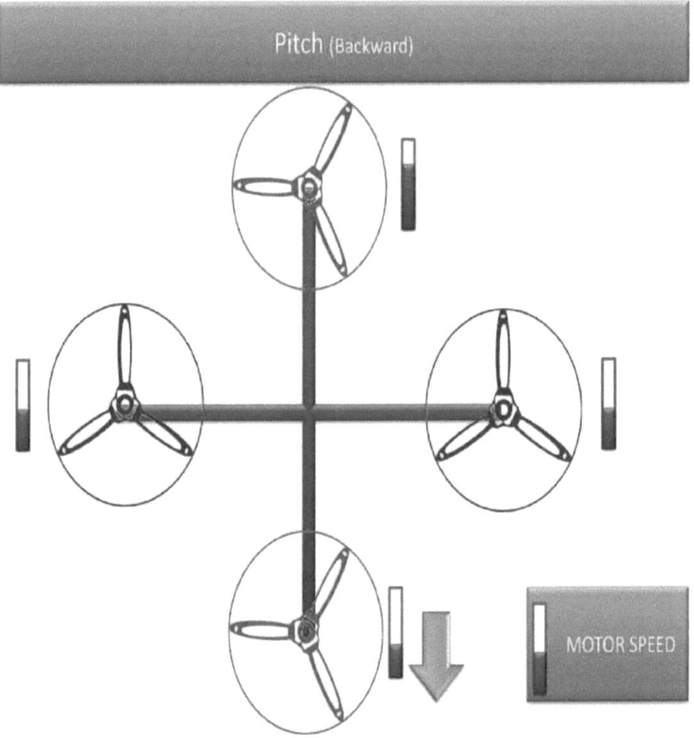


Velocidade dos motores durante um movimento para trás (passo)

### 2.3.4 Rolo

O Roll é, na verdade, o movimento lateral ou para a esquerda e para a direita do Quad copter.

Existem dois tipos de movimentos de rotação.

1. Rolo esquerdo

2. Rolo direito

#### 2.3.4.1 Rolo esquerdo

O rolamento é efectuado como a inclinação, exceto que a velocidade dos rotores laterais é alterada, em vez da do rotor superior e inferior. A velocidade do rotor direito é diminuída e a velocidade do rotor esquerdo é aumentada proporcionalmente à diminuição do rotor esquerdo, mantendo-se constante a velocidade dos rotores superior e inferior.

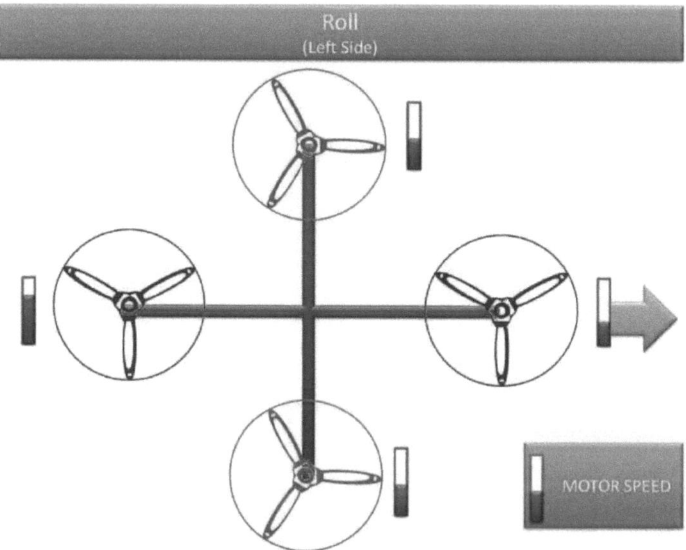


Velocidade dos motores durante um rolamento do lado esquerdo

### 2.3.4.2 Rolo direito

A rotação para a direita é conseguida através de acções opostas às da rotação para a esquerda. A velocidade do rotor esquerdo é diminuída e a velocidade do rotor direito é aumentada proporcionalmente à diminuição da velocidade do rotor esquerdo, mantendo-se constante a velocidade dos rotores superior e inferior.

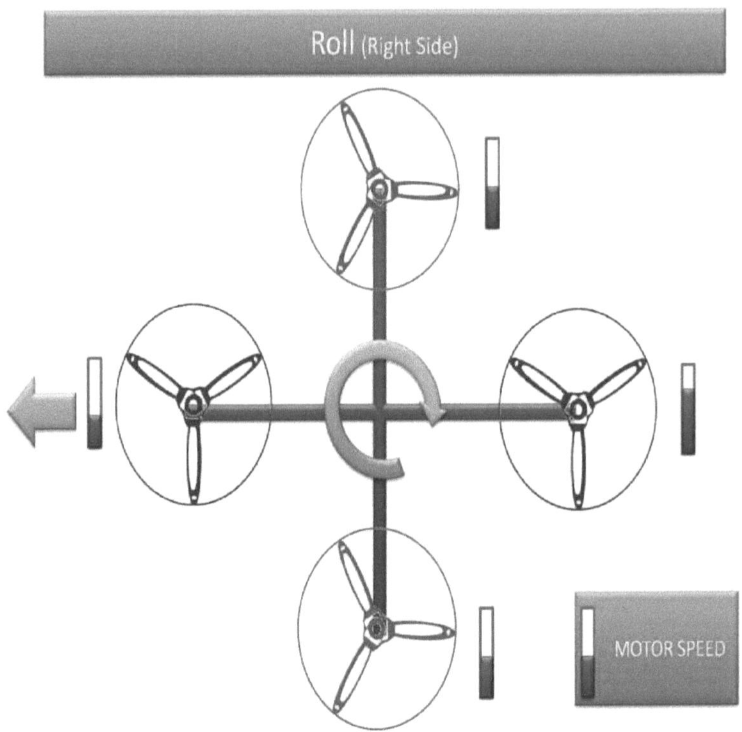


Velocidade dos motores durante um rolamento do lado direito

## 2.4 O transmissor do rádio-controlador

O quadricóptero é controlado por um transmissor R/C normal. O transmissor R/C utilizado neste projeto é um rádio controlador FMS com 6 canais e pode ser visto na figura abaixo. Só são necessários 4 canais para controlar os 4 controlos necessários para pilotar o quadricóptero, ou seja, o acelerador, o aileron, o elevador e o leme, pelo que só serão utilizados 4 canais. Dois canais extra, os canais 5 e 6, são utilizados para acionar os servomotores que controlam a abertura e o fecho da escotilha eletrónica. A escotilha é utilizada para largar etiquetas ou cargas explosivas perto da mina.

Para controlar os 4 sinais, são utilizados 2 manípulos no transmissor R/C. O manípulo esquerdo controla a guinada e o acelerador e o manípulo direito a rotação e a inclinação. Ao mover o manípulo esquerdo verticalmente, o sinal do acelerador é manipulado. Quando o manípulo está na posição inferior, é enviado o valor zero do acelerador. Quando o manípulo está na posição superior, é enviado o valor total do acelerador. Movendo o manípulo esquerdo horizontalmente, o sinal de guinada é manipulado. A guinada é zero quando o stick está no centro, e quando é movido para a esquerda, o Quad copter roda no sentido contrário ao dos ponteiros do relógio. A rotação é no sentido dos ponteiros do relógio, quando o manípulo é movido para a direita.

Centrar o manípulo direito significa que o transmissor R/C envia zero de rotação e inclinação. Movendo o manípulo verticalmente, o pitch é manipulado e horizontalmente o roll é manipulado. Combinando estes quatro sinais de controlo, é possível mover o Quad copter, com seis graus de liberdade.

## 2.5 Diagrama de blocos do quadricóptero:

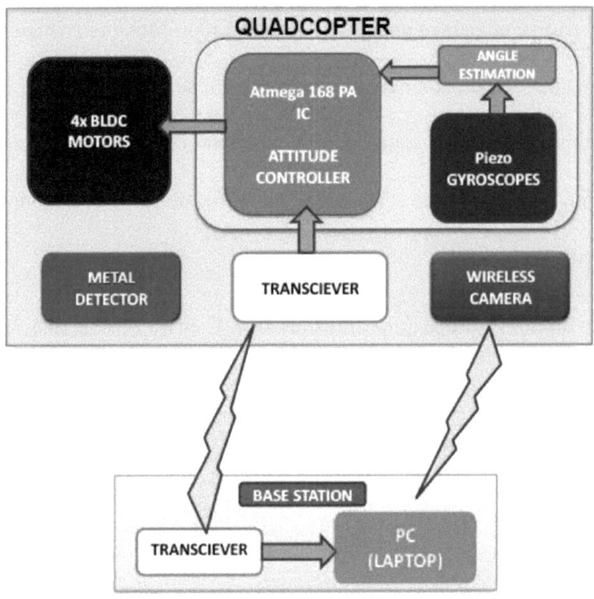


Diagrama de blocos para o quadricóptero

O bloco superior é o módulo de voo ou de flutuação do projeto, o Quad-copter, e tudo o que se encontra no bloco superior é montado no Quad-copter. O detetor de metais é montado no quadricóptero para detetar minas enquanto o UAV paira sobre o campo minado. Os comandos de voo são enviados para o UAV a partir do transmissor do controlador de rádio FMS localizado no solo, na estação de base. Os comandos são recebidos no UAV pelo recetor VHF e são depois enviados por este para o CI Atmega como entradas para o CI. O CI, depois de receber os sinais de comando [sinais PWM], processa-os e produz os comandos de saída que são enviados aos motores que alteram a sua velocidade de acordo com os comandos que lhe são dados pelo CI Atmega. Assim, o quadricóptero executa os movimentos aéreos de rotação, inclinação e guinada no ar.

A câmara sem fios envia, sem fios, na banda VHF, o vídeo captado pela câmara montada no quadricóptero. O vídeo é recebido no computador portátil na estação de base.

## 2.6 Circuito de controlo do quadricóptero

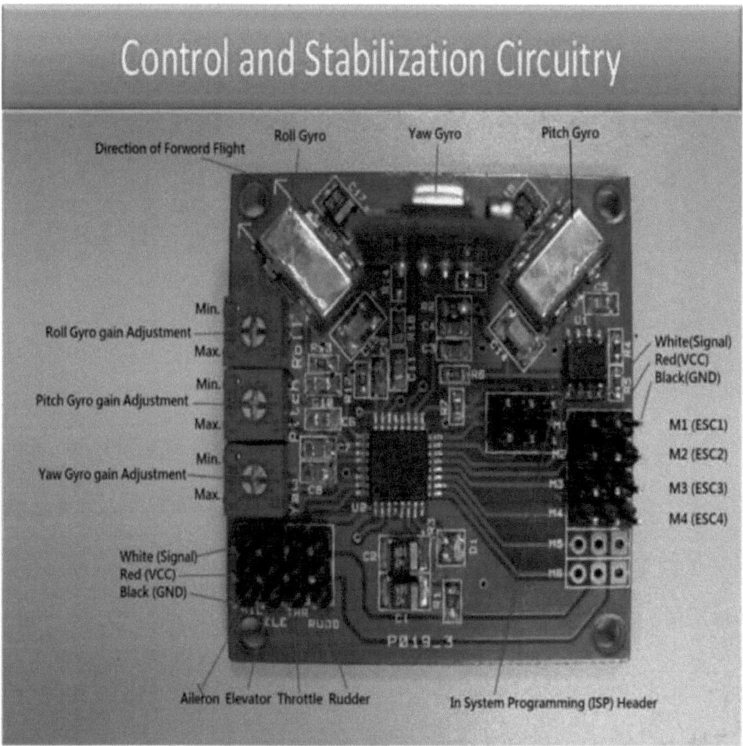


Placa KK. Microcontrolador Atmega168PA IC

A placa KK pode suportar até 6 motores, mas neste projeto apenas são necessários 4 motores no caso do Quad-copter, pelo que estamos a utilizar o Motor 1-4 no diagrama acima. A configuração dos motores é mostrada na figura seguinte na página seguinte.

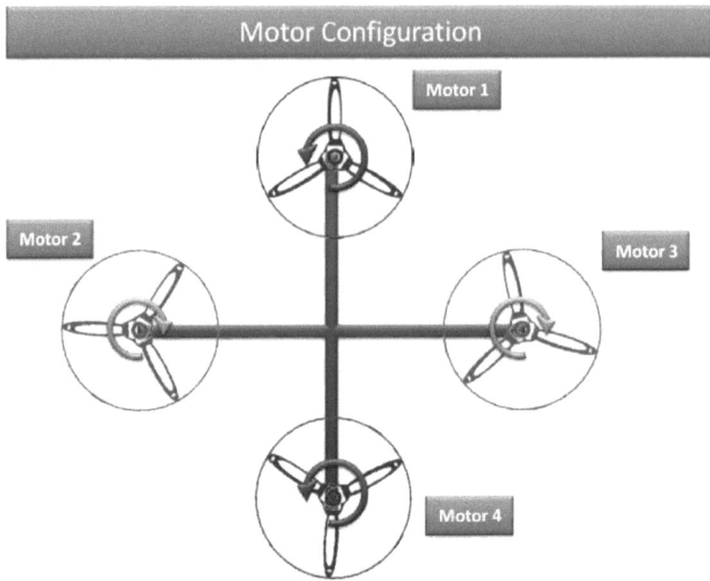


Configurações do motor

A saída da placa KK são os sinais de saída dos pinos M1, M2, M3, M4 que, por sua vez, servem de entrada para os controladores electrónicos de velocidade que, por sua vez, estão ligados aos quatro motores respectivos e as suas velocidades são alteradas de acordo com o sinal de saída da placa KK.

Os 4 canais de controlo, nomeadamente Aileron, Elevador, Acelerador e Leme, do recetor FMS são introduzidos na placa KK no canto inferior esquerdo.

Os três giroscópios Piezo são instalados para calcular os ângulos de inclinação e estão presentes na placa KK na cor prata. Fornecem todos os três eixos de inclinação angular no corpo do Quad copter que são o giroscópio de guinada, inclinação e rotação. O filtro para cada uma das válvulas de saída dos giroscópios é instalado na placa KK para uma leitura exacta dos três giroscópios.

Os ganhos dos três giroscópios podem ser ajustados com precisão girando os três resistores variáveis localizados no lado esquerdo da placa KK.

Os seis pinos ISP localizados no centro da placa KK são usados para fazer a programação no sistema do IC ATmega 168pa. O código de estabilização pode ser gravado com a ajuda de qualquer gravador USB para serial popular suportado pelo AVR Studio 4. Nós usámos o gravador AVRISP Mk2.

## 2.7 Trabalho

1. Para isso, recebe o sinal dos três giroscópios integrados (roll, pitch e yaw) e depois passa o sinal para o CI Atmega48PA.

2. A unidade Atmega48PA IC processa então estes sinais de acordo com o código gravado pelo utilizador e passa sinais de controlo para os controladores electrónicos de velocidade (ESCs) instalados.

3. Estes sinais instruem os ESCs a fazer ajustes finos na velocidade de rotação dos motores, o que, por sua vez, estabiliza o seu Quad copter.

4. A placa controladora Atmega também usa sinais do recetor de sistemas de rádio (Rx) e passa estes sinais para o IC Atmega48PA através das entradas de aileron, elevador, thudder e leme.

Uma vez processada esta informação, o CI envia sinais variáveis para os ESCs que, por sua vez, ajustam a velocidade de rotação de cada motor para produzir um voo controlado (para cima, para baixo, para trás, para a frente, para a esquerda, para a direita, para a guinada).

## 2.8 Execução da programação no sistema no CI ATmega 168 PA

A placa controladora do Quad-copter KK tem um chip Atmega168PA que pode ser programado de acordo com a escolha do utilizador através dos pinos ISP presentes na placa

KK.

Para tal, o primeiro passo é

1. Definir os fusíveis IC e fazer o flash do firmware

2. Ligar o programador AVRISP Mk2 (ou similar) ao conetor ISP de seis pinos na placa KK.

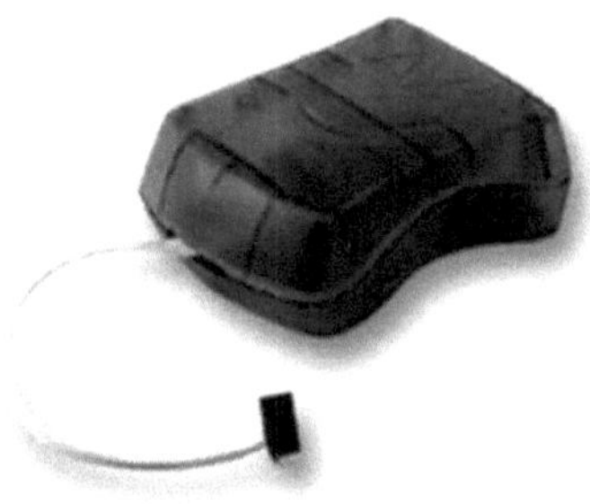

Cabeçalho ISP de seis pinos

3. Ligue a tomada de 6 pinos do seu Programador ao conetor ISP na placa. O pino 1 do conetor ISP está normalmente marcado com um pequeno triângulo. De seguida, ligue uma fonte de alimentação de 5 V DC aos pinos da PCB.

4. Abra o AVR Studio 4. Ser-lhe-á perguntado se pretende iniciar um novo projeto ou abrir um projeto existente.

5. Selecione Cancelar e clique no ícone de ligação.

AVR Studio 4- Desmontador

Abrirá uma nova janela com uma caixa de diálogo de ligação, pedindo-lhe para selecionar o programador e a porta de ligação. Com um programador como o AVRISP mkll é fácil porque, quando se seleciona esse programador, aparece apenas uma opção de porta... USB. O AVR-ISP500 da Olimex é reconhecido como um STK500 e tem a opção de escolher automaticamente a porta. Se ele não reconhecer a porta, talvez seja necessário definir manualmente a porta do programador nas configurações de dispositivo do Windows para COM1 até COM4 para que o AVR Studio o reconheça.

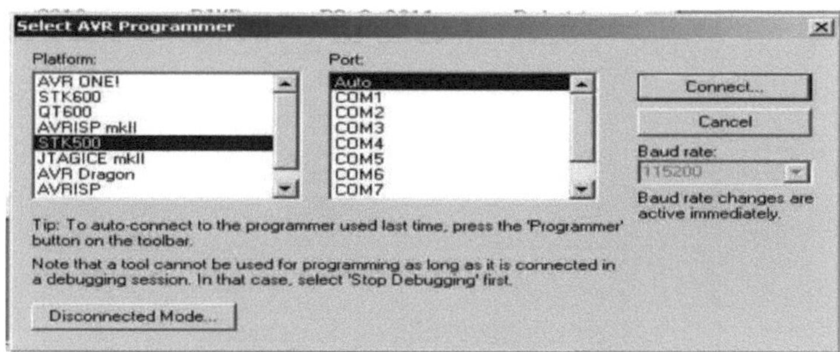


Diálogo do programador AVR Studio 4

Quando tiver escolhido o programador e a porta, clique em ligar e será levado para a caixa de diálogo de programação do AVR.

Na janela de programação do AVR, vá para o separador "Main" (Principal) e certifique-se de que o chip que está a programar (por exemplo, Atmega168PA) está selecionado no menu pendente "Device and Signature Bytes" (Dispositivo e Bytes de Assinatura).

Certifique-se também de que o" Modo de programação e as definições de objetivo estão definidos para ISP. Certifique-se de que as definições para o modo ISP têm a frequência ISP suficientemente baixa para falar com o chip.

A frequência do programador pode ser definida para 115,2 kHz. Esta é uma definição muito importante. Se clicar em "Read Signature" (ler assinatura) e obtiver a resposta "Signature matches selected device" (a assinatura corresponde ao dispositivo selecionado), conseguiu ligar-se com sucesso ao seu CI.

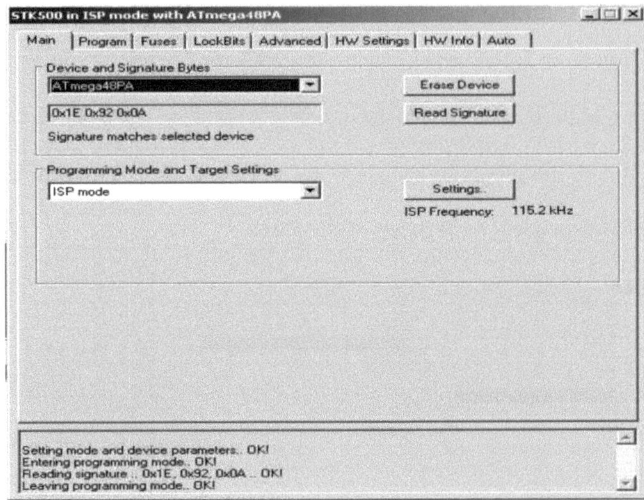


STK500 em modo ISP com ATmega48PA

Certifique-se também de que a placa de destino ou PCB está ligada (pode verificar isto clicando no separador HW Settings e verificando se o programador consegue ver alguma tensão).

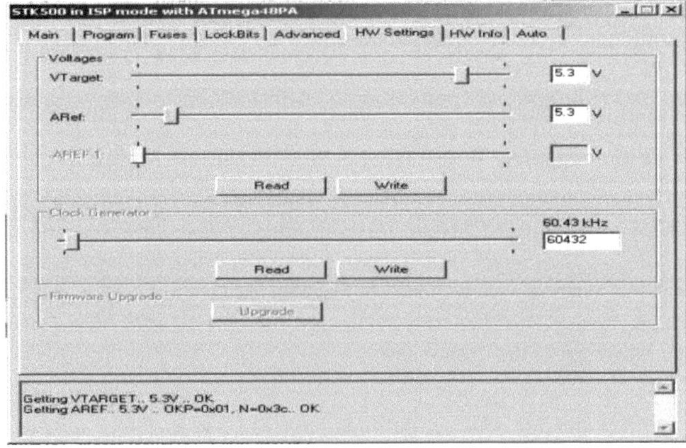


Definições HW

Agora é altura de definir os fusíveis, por isso clique no separador "Fusíveis". O AVR Studio é muito bom a este respeito, uma vez que irá calcular as definições dos fusíveis para o seu IC específico, dependendo das opções da caixa de verificação que escolher.

Defina as caixas de verificação de acordo com o seguinte.

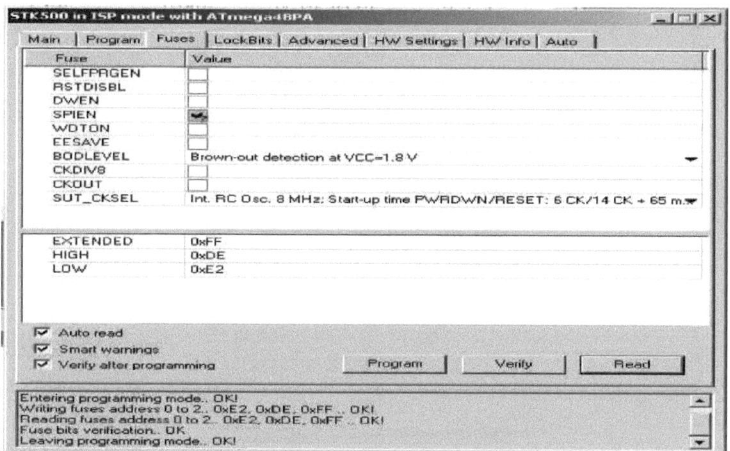


AVR Studios 4- Separador de fusíveis

## 2.9 Componentes para quadricópteros

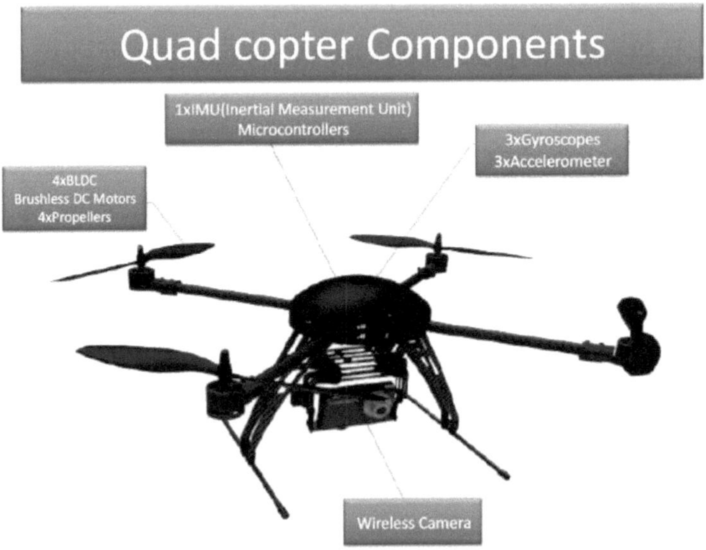

Quadricópteros - Componentes

- Estrutura de alumínio em cruz, em forma de X

- 4x Emax BLDC(BrushlessDCMotors )
- 4x Controladores electrónicos de velocidade
- 4xPropulsores 10x4.5
- 3x Giroscópios Piezo
- 1x placa KK [IMU]
- 1x Microcontrolador Atmega 168PA
- 2x Bateria Lipo 3 s 3000mAH 20C
- 1x controlador de rádio FMS de 6 canais [2,4 Ghz]

### 2.9.1 Hélice

4 x hélice de passo fixo [10x4,5]

Quadricóptero - Propulsores

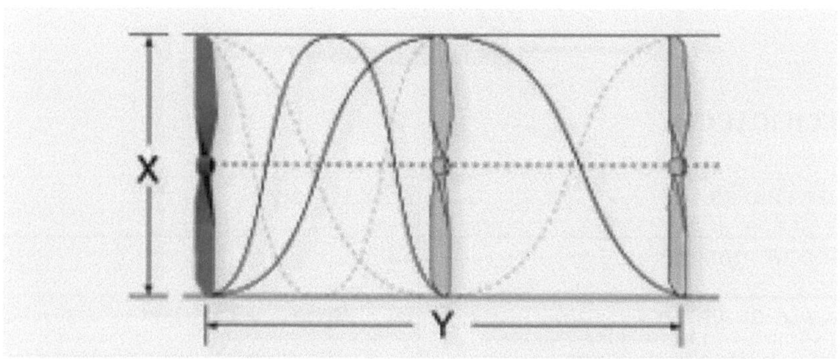


X= 9 [Diâmetro] Y= 7 [Passo]

**Cálculos do impulso da hélice**

Fórmulas:

Potência (WATTS)= P(pol.) X D(pol.)^A 4 X RPM^A 3 X 5.33 X 10^A -15 = 7 x 9A3 x 9000A2 x 10A-10

Impulso (oz.)=P(pol.) X D(pol.)A3 X RPMA2 X 10A-10 = 40,30 [oz.]

= 1,2 kg

= 2,5 libras

### 2.9.2 Motor sem escovas de saída EMAX BL2215/20

4 destes motores são utilizados como rotores no quadricóptero.

Motor DC sem escovas

**ESPECIFICAÇÕES**

| | |
|---|---|
| N.º de células | 2-3x Li-Poly |
| Eficiência máxima | 82% |
| Corrente de eficiência máxima | 14 - 24.5A (>75%) |
| Corrente sem carga / 10 V | 0,5 A |
| Capacidade atual | 2215/20 24,5 A/60s |
| Resistência interna | 275 mohm |
| Dimensões | 22x15 mm |
| Diâmetro do veio | 3 mm |
| Peso | 100 g/3.08oz. |
| Peso recomendado para o modelo | 2215/20 400-1100g |
| Hélice recomendado sem caixa de velocidades | 9*4.7 10*4.7 10*5 |

| Model | **Voltage** | Propeller | RPM | Max Current | Max Trust |
|---|---|---|---|---|---|
| BL2215/20 | 12.0 V | 10X4.7(Slow) | 7400 | 20.2 A | 1125g |
| BL2215/20 | 12.0 V | 9X4.7(Slow) | 9900 | 17.5 A | 1020g |
| BL2215/20 | 10.9 V | 10X5(Thin) | 9350 | 24.5 A | 1200g |
| BL2215/20 | 10.9 V | 8X3.8(Slow) | 11050 | 16.5 A | 960g |

## 2.9.3 Controladores electrónicos de velocidade

Controlador eletrónico de velocidade - imagem 1

Controlador eletrónico de velocidade - imagem 2

Especificações

Máximo Motor Atual: 55A

Máximo BEC Atual: 3A

BEC Tensão: 5.5v (Comutação)

LiPo: 2~6S

NiMH:5~16células

Peso: 53gramas

**2.9.4 Bateria de polímero de lítio TURNIGY 3s 3000mAH 20C**

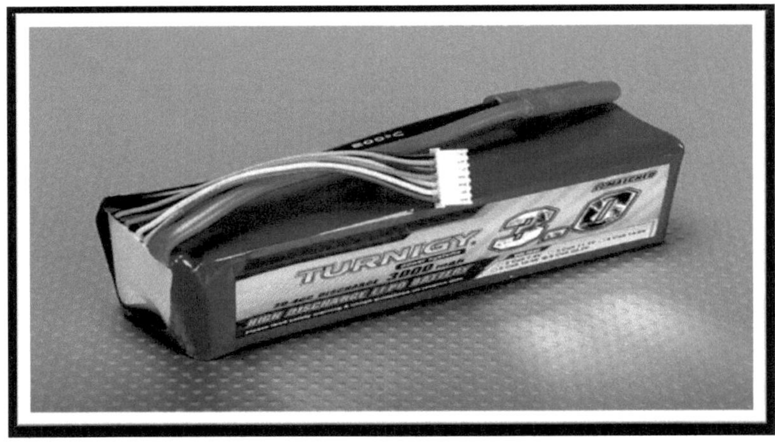


TURNIGY Bateria de polímero de lítio

**Especificações**

Capacidade mínima: **3000mAh**

Configuração: **6S1P / 22.2v / 6Cell**

Descarga constante : **30C**

Pico de descarga (10 segundos): **40C**

Peso da embalagem: **507g**

Tamanho da embalagem: **139 x 43 x 39 mm**

| Capacity(mAh) | 3000 |
|---|---|
| Config ( s) | 6 |
| Discharge(c) | 30 |
| Weight(g) | 507 |
| Max Charge Rate (C) | 5 |
| Length-A(mm) | 139 |
| Height-B(mm) | 43 |
| Width-C(mm) | 39 |

Ficha de carregamento: **JST-XH**

Ficha de descarga: **conetor-bala de 4 mm**

## 2.10 Desenho Matemático Autocad do Quadcopter

Mathematical Drawing
Front View

FRONT VIEW SCALE 1:10

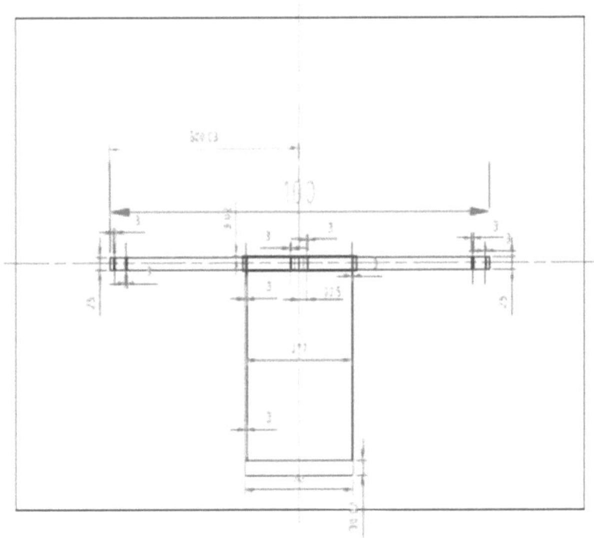

Desenho matemático do quadricóptero - Vista frontal

# CAPÍTULO 3

## Detetor de metais

### 3.1 O Detetor de Metais:

Para a deteção de minas, utilizámos um detetor de metais. Isto porque a deteção de metais é o nosso principal objetivo neste momento, que é a desminagem das minas metálicas que foram colocadas durante as guerras e que ainda não foram desminadas.

#### 3.1.1 Porquê um detetor de metais?

Existem muitos tipos de detectores de minas que podem ser utilizados para efeitos de deteção, mas todos eles têm as suas desvantagens, como o detetor do tipo GPR, que é limitado pelo solo húmido. Do mesmo modo, o detetor acústico de metais não consegue detetar minas de baixo teor metálico e a sua deteção diminui em solos secos. Os detectores de polímeros fluorescentes também são limitados pelos solos secos. Há ainda muitos outros, cuja comparação é apresentada no quadro.

| TECHNOLOGY | Metal Mines | LowMetal Mines | TNT Mines | RDX Mines | Dry Soil | Wet Soil |
|---|---|---|---|---|---|---|
| Metal Detector | ✓ | ✗ | ✓ | ✓ | ✓ | ✓ |
| GPR | ✓ | ✓ | ✓ | ✓ | ✓ | ✗ |
| Acoustic | ✓ | ✗ | ✓ | ✓ | ✗ | ✓ |
| Fluorescent polymers | ✓ | ✓ | ✓ | ✓ | ✗ | ✓ |
| NQR | ✗ | ✓ | ✗ | ✓ | ✓ | ✓ |

Tendo em conta todas as razões acima referidas, selecionámos os detectores de metais como os detectores ideais para o projeto.

A razão não é apenas o facto de apresentarem uma boa deteção, mas também:

1. São leves e, por isso, podem ser facilmente montados no quadricóptero, respeitando os limites de peso.

2. São mais precisos do que outros tipos de detectores.

3. São mais baratas do que as outras técnicas utilizadas.

### 3.1.2 Tipos de detectores de metais

Existem várias técnicas utilizadas para a deteção de metais e os detectores de metais são classificados com base nestas técnicas. Com base no tipo de técnica, os tipos de detectores de metais são os seguintes

- Detetor de metais de frequência muito baixa (VLF)
- Detetor de metais por indução de impulsos (PI)
- Detetor de metais por oscilação de frequência de batimento (BFO)

### 3.1.3 Detetor de metais PI:

O detetor de metais utilizado inicialmente para efeitos do presente projeto é do tipo indução por impulsos (PI). O sistema PI utiliza uma única bobina como transmissor e recetor. O detetor funciona através do envio de uma curta e forte descarga de corrente (impulso) através da bobina. Isto gera um breve campo magnético na bobina. Quando o impulso morre, o campo magnético inverte a polaridade, dando origem a um pico elétrico acentuado. O pico dura cerca de alguns microssegundos e provoca outra explosão de corrente através da bobina. Este impulso é conhecido como impulso refletido e dura cerca de 30 microssegundos. É enviado outro impulso e o processo repete-se novamente. Um detetor de metais PI típico envia cerca de 100 impulsos por segundo.

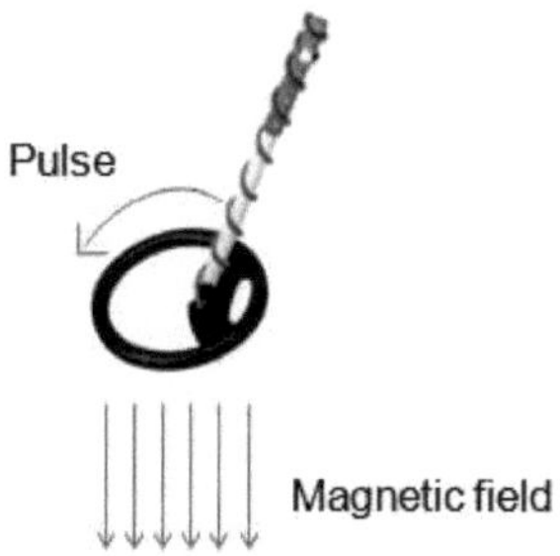


Campo magnético gerado pelo impulso

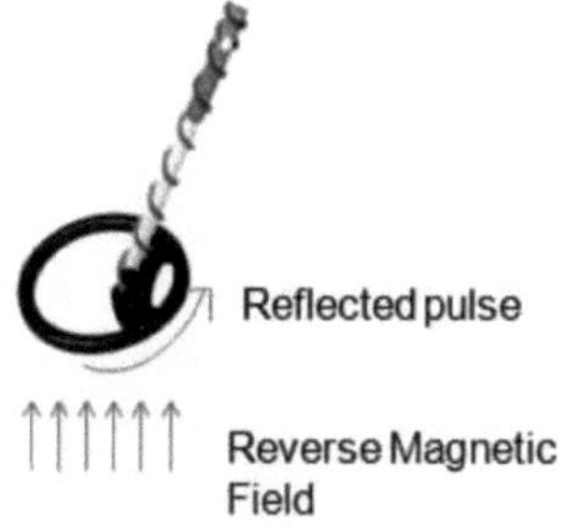


Campo magnético inverso que gera o impulso refletido

Quando o detetor de metais se encontra, o impulso cria um campo magnético oposto no objeto metálico. O campo magnético que morre provoca um impulso refletido. O campo magnético do objeto faz com que o impulso refletido demore mais tempo a desaparecer completamente. Isto é um pouco como um eco. O campo magnético do objeto adiciona o seu "eco" ao impulso refletido, fazendo com que este dure mais tempo do que deveria. Um circuito de amostragem no detetor de metais mede o comprimento do impulso refletido. Compara o impulso refletido com o comprimento esperado. Se o comprimento do impulso refletido for maior do que o comprimento esperado, existe um objeto metálico a interferir com ele. O circuito de amostragem envia um sinal para o integrador. O integrador lê este sinal, amplifica-o e converte-o em DC. Este sinal DC é alimentado a um circuito áudio que emite um sinal sonoro indicando que o objeto metálico foi encontrado.

O diagrama de blocos do circuito é o seguinte:

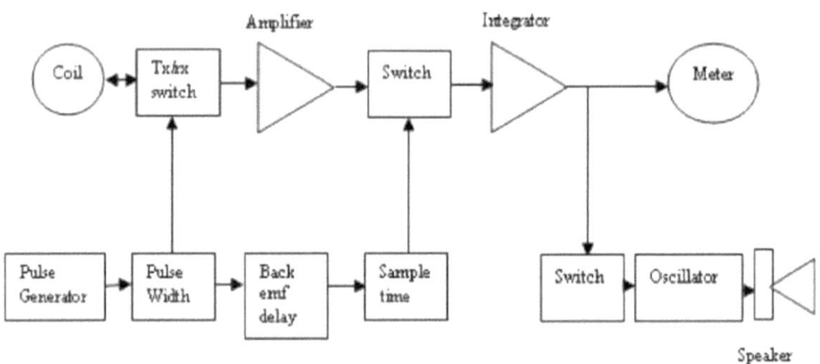


Diagrama de blocos do detetor de metais

### 3.1.4 Deficiências

O detetor de metais PI não se revelou uma boa abordagem, uma vez que a ligação VHF é utilizada para os controlos do UAV. A ligação VHF está a funcionar a uma frequência de 2,4 GHz, que é uma frequência muito elevada, o que causou interferências com o circuito do detetor de metais PI. Isto resultou em falsas detecções.

Além disso, o detetor de metais PI não proporcionava uma distância de deteção suficiente do solo. Este facto dificultava o trabalho do UAV quando este pairava sobre o campo de minas e representava também o perigo de explosão das minas, uma vez que a bobina estava demasiado próxima do solo.

### 3.1.5 Oscilador de frequência de batida

Devido às deficiências encontradas no caso do detetor de metais PI, mudámos para o detetor de metais do tipo oscilador de frequência de batida. O oscilador de frequência de batida proporciona uma melhor penetração através do solo e uma deteção de até 1 pé.

A única limitação é a sensibilidade à temperatura, uma vez que diferentes temperaturas podem afetar o seu poder de deteção. Mas esse problema pode ser contrariado afinando-o previamente de modo a obter uma boa capacidade de deteção.

### 3.1.5.1 Funcionamento dos detectores de metais BFO:

Um detetor de metais do tipo oscilação de frequência de batimento, ou BFO, é o modelo mais simples e económico. Por esta razão, os detectores de metais BFO têm uma maior utilização. Este tipo utiliza duas bobinas de fio separadas para a deteção. Um oscilador cria um sinal constante numa frequência definida, que é emitido por uma das bobinas. A segunda bobina detecta a interferência desta frequência causada por objectos metálicos, o que resulta num tom de áudio variável.

### 3.1.5.2 Esquemas:

O diagrama esquemático do detetor de metais BFO é o seguinte

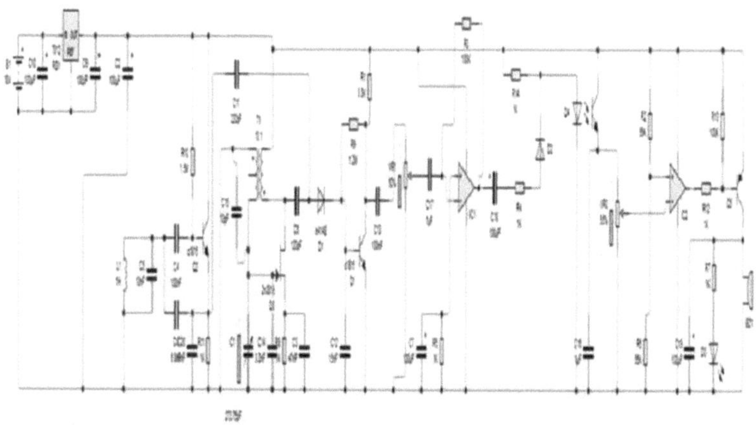

Diagrama esquemático do detetor de metais

O detetor BFO funciona de forma semelhante ao modelo VLF, mas não possui a capacidade de filtragem e de afinação deste último. Isto torna o detetor de BFO mais suscetível a erros e interferências e menos capaz de distinguir entre lixo e tesouro.

# CAPÍTULO 4

## A escotilha

Uma pequena escotilha é instalada na base do UAV. É utilizada para largar uma marca ou uma pequena carga, que será utilizada para localizar a posição do explosivo ou para o detonar remotamente.

## 4.1 Construção e funcionamento

A escotilha é uma pequena caixa com uma tampa que permanece fechada. A tampa é controlada por um servo motor. O servomotor, por sua vez, é controlado pelo canal 6 do recetor. Quando o canal 6 é acionado, envia um sinal para o servo motor. O motor roda, abrindo a tampa da caixa. Quando é libertada, a tampa volta a fechar-se.

### 4.1.1 Marcação de minas

Quando a mina é detectada, é enviado um sinal para o desminador que controla o UAV. Ao receber o sinal, o desminador abre a escotilha. Assim que a escotilha for aberta, um marcador cairá e marcará a localização da mina, que pode ser removida mais tarde.

Cenário de marcação de minas

### 4.1.2 Detonação de minas:

Outra alternativa é colocar uma pequena carga que pode ser detonada à distância. Quando a escotilha se abrir, o explosivo cairá. O desminador detona-o remotamente. Quando o explosivo rebentar, a mina explodirá com ele. Desta forma, as minas podem ser desactivadas sem que seja necessário entrar no campo de minas.

Cenário de detonação de minas

# CAPÍTULO 5

## Câmara sem fios

A câmara sem fios utilizada estabelece uma ligação à estação de base ou ao recetor, através da qual é possível observar a transmissão de vídeo em direto.

Cenário de transmissão de vídeo em direto

A câmara sem fios instalada capta o vídeo do ambiente que a rodeia e transmite os dados através de uma ligação VHF que estabelece com o recetor. O recetor está ligado ao computador portátil no qual podemos ver o vídeo captado. Desta forma, podemos obter um vídeo em direto da área circundante, o que nos ajuda a inspecionar a área e a identificar a localização da mina.

# CAPÍTULO 6

## Objectivos alcançados

O objetivo do nosso projeto era conceber um UAV capaz de detetar minas e de efetuar vigilância vídeo à distância.

### 6.1 Prova de conceito

O projeto foi implementado utilizando um quad-copter como UAV a ser utilizado. Para verificar o desempenho do UAV, foi efectuado um voo de teste. Após algumas dificuldades iniciais, o quad-cóptero descolou. O tempo de voo foi calculado em cerca de 2 minutos, durante os quais o quad-cóptero voou até uma altura de cerca de 12 pés do chão e manteve uma distância de cerca de 20 pés do recetor.

Voo de teste do quadricóptero

O conceito de deteção de minas foi dado através da utilização de um detetor de metais BFO, para detetar minas metálicas, IEDs, cartuchos de bombas, etc. A bobina do detetor de metais foi pendurada por baixo do quadricóptero com a ajuda de hastes. As hastes também serviram de cápsula de aterragem para o quadricóptero. Assim que o quadricóptero descolava, as pernas estendiam-se e lançavam a bobina do detetor de metais.

Estrutura do quadricóptero - imagem 1

Estrutura do quadricóptero - imagem 2

Para a vigilância remota por vídeo, foi utilizada uma pequena câmara sem fios na base do detetor de metais, que captava o vídeo e o enviava para a estação de base (computador portátil) através de um canal VHF, que estabelecia com o recetor.

Câmara sem fios

# CAPÍTULO 7

## Aplicações

Trata-se de um projeto humanitário concebido para proporcionar um método mais seguro, mais rápido, mais eficaz e, em geral, mais eficiente para a remoção de minas. O desminador nunca precisa de entrar no campo de minas, pelo que não há perigo para a sua vida.

Além disso, o projeto está equipado com uma câmara sem fios que permite ao UAV fazer o reconhecimento por vídeo.

Para além destas, o projeto encontra muitas outras aplicações. Algumas das aplicações do projeto são:

- Utilização militar
- Combate a incêndios
- Utilização pela autoridade pública
- Indústria
- Negócios

## 7.1 Utilização militar

O projeto encontra a sua utilidade no sector militar. Em tempos de guerra e exercícios militares, o UAV ajuda no levantamento aéreo da área. O pequeno UAV pode voar alto sobre o território inimigo para captar a vista aérea. Sendo pequenos em tamanho, são virtualmente indetectáveis.

Utilização de quadricópteros nas forças armadas - imagem 1

Para além disso, também podem ser utilizados para missões de investigação e salvamento. O quadricóptero montado com uma simples câmara sem fios pode ser utilizado para encontrar a pessoa que precisa de ser salva, em vez de enviar uma equipa inteira.

Utilização de quadricópteros nas forças armadas - imagem 2

Além disso, pode ser utilizado para detetar eventuais explosivos e minas terrestres que possam ter sido colocados pelo inimigo na área a cobrir.

Além disso, também pode ser utilizado para detetar os cartuchos de bombas que são deixados para trás.

Cartuchos de bombas

## 7.2 Combate a incêndios

O combate a incêndios é um trabalho muito perigoso. Tirar uma pessoa de um edifício em chamas já é um desafio, quanto mais encontrar alguém que possa ter desmaiado por causa do fumo. Neste caso, um quadricóptero pode ser muito útil. Pode subir a um andar mais alto e entrar simplesmente através de uma janela aberta.

Quadricópteros utilizados pelos bombeiros para salvamento

Sendo uma estrutura estável, capaz de manobrar em cantos apertados, pode facilmente entrar num edifício. A câmara montada no topo pode ser usada para localizar qualquer pessoa que possa estar presa. Para além disso, o piloto do quad-copter pode facilmente guiar a pessoa para fora do edifício, conduzindo-a com o UAV.

## 7.3 Autoridade pública

Os quadricópteros podem revelar-se muito úteis para as autoridades públicas, como a polícia. Podem ser enviados para cima e utilizados para o levantamento aéreo de qualquer região em caso de missões de busca e salvamento. Ao poder voar alto, o quadricóptero é capaz de cobrir uma área muito grande no solo e, portanto, revela-se muito útil em caso de busca.

Quadricópteros utilizados pela polícia

No caso de operações de salvamento de pessoas afectadas por catástrofes, o quadricóptero pode ser utilizado para identificar a localização de uma pessoa que esteja presa sob os escombros, através de reconhecimento vídeo.

## 7.4 Indústria

Na indústria, os quadricópteros voltam a encontrar a sua aplicação devido à sua capacidade de captar e transmitir feedback vídeo em direto. Podem fornecer o levantamento aéreo das condutas de gás. Isto ajuda a verificar se existem fissuras ou fugas nas condutas. Podem manobrar facilmente em torno das arestas que uma pessoa não consegue contornar facilmente.

Quadricópteros utilizados na manutenção de mega-estruturas - imagem 1

Do mesmo modo, também podem ser utilizados para verificar a existência de fissuras e pontos fracos nas mega-estruturas, como pontes e barragens.

Quadricópteros utilizados na manutenção de mega-estruturas - imagem 2

## 7.5 Negócios

Os profissionais do sector, como as agências noticiosas, os meios de comunicação social, os realizadores de filmes e os fotógrafos de vida selvagem, também consideram os quadricópteros muito úteis. Podem fornecer uma vista aérea do local. Desde a cobertura de um acontecimento mediático a partir da cabeça até à captação do vídeo de uma debandada na natureza, podem revelar-se muito úteis.

Quadricópteros utilizados na vigilância

Os quadricópteros são uma tecnologia que encontra muitas outras aplicações, inspirando assim ideias novas e inovadoras. Por esta razão, muitas empresas de I&D e universidades desenvolvem também a sua investigação sobre os quadricópteros.

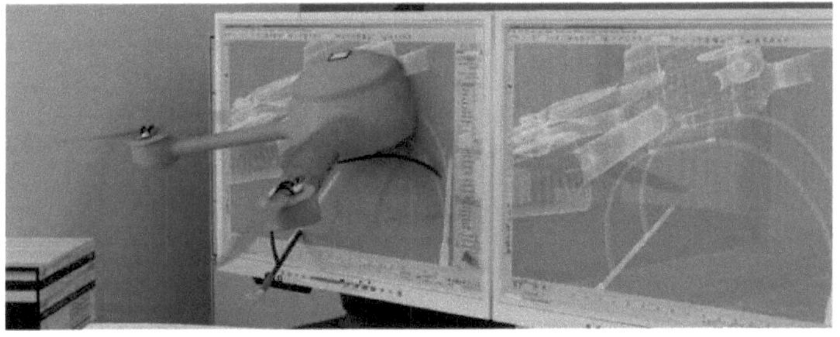

Quadricópteros utilizados na investigação

# CAPÍTULO 8

## Trabalho futuro

O projeto está concluído e a prova do conceito foi apresentada juntamente com a demonstração dos módulos de trabalho. Mas a implementação do projeto é rudimentar e inconsistente devido à limitação de tempo e de financiamento. O projeto pode ser melhorado em termos de conceção e estrutura, tornando-se um protótipo mais seguro e mais robusto. Podem ser-lhe introduzidas modificações para aumentar o seu alcance. Também pode ser a base para outras soluções de engenharia.

### 8.1 Melhorias:

A estrutura pode ser melhorada utilizando uma carroçaria de fibra de carbono em vez de uma de alumínio. Pode ser tornado mais seguro através de alterações à carroçaria ou da adição de uma estrutura para proteger os componentes internos.

A cápsula do quadricóptero é uma estrutura solta e, portanto, introduz vibrações desnecessárias. Um novo design de cápsula pode ser implementado para reduzir essas vibrações. Isto, por sua vez, resultará num voo melhor e mais suave do quadricóptero.

### 8.2 Alterações

A integração de todos os módulos pode ser melhorada e podem ser utilizados componentes mais potentes, de modo a que o quadricóptero possa levantar uma maior carga útil e permanecer no ar durante mais tempo.

As novas minas que estão a ser colocadas não são de metal. Em vez disso, estão a ser utilizadas minas de plástico e explosivos para evitar a deteção pelos detectores de metais. Assim, em vez de utilizar um detetor de metais, pode ser implementado um detetor de minas que funcione através da deteção dos explosivos e não do revestimento metálico. Desta forma, o âmbito do projeto pode ser alargado, uma vez que terá a capacidade de detetar não só minas metálicas, mas também explosivos plásticos.

## 8.3 Soluções de engenharia

O projeto pode também ser integrado noutros projectos, por exemplo, sistemas VHF MIMO SDR. Desta forma, o quadricóptero será capaz de transmitir vídeo estabelecendo uma ligação com a estação de base, sem necessidade de Wi-Fi. Outras soluções deste género podem também ser desenvolvidas.

# Referências


1. P. Abbeel, A. Coates, M. Montemerlo, A.Y. Ng e S. Thrun. Treinamento discriminativo de filtros kalman. Em Pro RSS, 2005.

2. M. Achtelik. Estimativa de pose baseada na visão para microveículos aéreos autónomos em áreas com GPS negado. Tese de mestrado, Technische Universifat, M'unchen, Alemanha, 2009.

3. Markus Achtelik, Abraham Bachrach, Ruijie He, Samuel Prentice e Nicholas Roy. Visão estéreo e odometria laser para helicópteros autónomos em ambientes interiores com GPS negado. Em Actas da Conferência SPIE sobre Tecnologia de Sistemas Não Tripulados XI, Orlando, FL, 2009.

4. Herbert Bay, Tinne Tuytelaars e Luc Van Gool. Surf: Caraterísticas robustas aceleradas. In In ECCV, páginas 404-417, 2006.

5. Jean Y. Bouguet. Implementação piramidal do rastreador de caraterísticas lucas kanade: Descrição do algoritmo, 2002.

6. G. Grisetti, C. Stachniss, e W. Burgard. Técnicas melhoradas para o mapeamento de grelhas com filtros de partículas rao-blackwellized. Robotics, IEEE Transactions on, 23(1):34- 46, 2007.

7. D. Gurdan, J. Stumpf, M. Achtelik, K.-M. Doth, G. Hirzinger e D. Rus. Robô voador autónomo de quatro rotores com eficiência energética controlado a 1 khz. Proc. ICRA, páginas 361-366, abril de 2007.

8. Chris Harris e Mike Stephens. Um detetor combinado de cantos e bordas. Em The Fourth Alvey Vision Conference, páginas 147-151, 1988.

9. Projeto de Controlo do Quadrotor Multi-Agente em Modo Deslizante Integral vs.

Aprendizagem por Reforço por Steven L. Waslander, Gabriel M. Hoffmann, Jung Soon Jang, Claire J. Tomlin na Conferência Internacional IEEE/RSJ de 2005 sobre Robôs e Sistemas Inteligentes.

10.Estabilização e Controlo de um Micro-UAV Quad-rotor Utilizando Sensores de Visão Por Spencer G Fowers

11.Sistema de Robótica Avançada Internacional. Detetor de Metais Controlado Montado em Robô de Deteção de Minas por Seiji Masunaga e Kenzo Nonami

12.Removing War's Lethal Legacy. Technological Solutions to the Enduring Global Landmine Problem por Jacqueline A. MacDonald, Carnegie Mellon University e The RAND Corporation.

# Apêndice A

**Revisão da literatura:**

**Navegação e exploração autónomas de um helicóptero de quatro rotores em ambientes interiores com GPS negado, Markus Achtelik, Abraham Bachrach, Ruijie He, Samuel Prentice e Nicholas Roy Technische University at Munchen, Alemanha**

**Instituto de Tecnologia de Massachusetts, Cambridge, MA, EUA**

Este artigo apresenta a nossa solução para permitir que um helicóptero de quatro rotores navegue, explore e localize de forma autónoma objectos de interesse em ambientes interiores não estruturados e desconhecidos. Descrevemos a conceção e o funcionamento do nosso helicóptero de quatro rotores, antes de apresentarmos a arquitetura de software e os algoritmos individuais necessários para a execução da missão. São apresentados resultados experimentais que demonstram a capacidade do quad rotor para operar autonomamente em ambientes interiores.

**Universidade de Aalborg Voo autónomo com um helicóptero Quadrotor**

O objetivo deste projeto é fazer pairar um helicóptero de quatro rotores (X-Pro). Para o conseguir, o helicóptero é primeiro analisado para compreender as perspectivas físicas. O modelo do X-Pro é dividido em três partes, motor/engrenagem, rotor e corpo. É feita uma análise da eletrónica montada no X-Pro para conhecer o giroscópio e o misturador. Os motores são modelados utilizando a identificação de sistemas como modelos ARX. Os rotores são descritos por um polinómio de segunda ordem. O corpo do X-Pro é modelado como um objeto rígido utilizando a relação dinâmica e cinemática. O modelo identificado do X-Pro é linearizado, a fim de conceber um controlador LQR.

**O BANCO DE ENSAIO STANFORD DE AERONAVES DE ASAS ROTATIVAS**

**AUTÓNOMAS PARA CONTROLO MULTIAGENTE (STARMAC)**

**Gabe Hoffmann, Dev Gorur Rajnarayan, Steven L. Waslander, PhD. Candidatos**

**Claire J. Tomlin, Professora Assistente, Universidade de Stanford, Stanford, CA.**

Como alternativa a veículos aéreos pesados, com requisitos de manutenção consideráveis e restrições ao envelope de voo, o X4 foi escolhido como base para o banco de ensaios de Stanford de aeronaves de asa rotativa autónomas para controlo multiagente (STARMAC). Este documento descreve a conceção e o desenvolvimento de um sistema de controlo de voo de um localizador de pontos de passagem autónomo em miniatura e a criação de uma plataforma multi-veículo para experimentação e validação de algoritmos de controlo multi-agente. Este desenvolvimento testado abre caminho para a implementação no mundo real de trabalhos recentes nos domínios da prevenção autónoma de colisões e obstáculos, atribuição de tarefas e voo em formação, utilizando técnicas centralizadas e descentralizadas.

**Técnicas de deteção de minas baseadas no processamento de imagens:**

**Joonki Paik,* Cheolha P. Lee, e Mongi A. Abidi**

**Imaging, Robotics, and Intelligent Systems Laboratory, Department of Electrical and Computer Engineering, The University of Tennessee,**

**Knoxville**

Com base no alvo, as minas são classificadas em dois tipos: minas anti-tanque (ATM) e minas anti-pessoal (APM). Devido à variedade de tipos de minas, as actuais técnicas de deteção de minas são diversificadas. Parte-se do princípio de que a maior parte das técnicas de deteção de minas são constituídas por sensores, processamento de sinais e processos de decisão. No que respeita ao sensor, os sensores de radar de penetração no solo (GPR), de infravermelhos (IR) e de ultra-sons (US) são revistos e as suas caraterísticas são resumidas para os sinais de saída correspondentes. Para as partes de processamento de sinal e de decisão, é analisado um conjunto de técnicas de processamento de imagem, incluindo filtragem, melhoramento, extração de caraterísticas e segmentação. A segmentação é utilizada para extrair o sinal da mina de vários sinais concorrentes. Para a maioria das técnicas de processamento de imagem abrangidas por este documento, são incluídos ou reproduzidos resultados experimentais relacionados com a deteção de minas a partir de trabalhos existentes.

**Detetor de metais controlado montado no robô de deteção de minas**

**Seiji Masunaga e Kenzo Nonami**

**Escola Superior de Ciências e Tecnologia, Universidade de Chiba.**

**Departamento de Engenharia Eletrónica e Mecânica, Universidade de Chiba.**

A capacidade de deteção de minas terrestres dos detectores de metais é muito sensível à distância entre as minas terrestres enterradas e as cabeças dos sensores. Por conseguinte, os desminadores humanos varrem manualmente a superfície do solo com os detectores de metais de modo a que as cabeças dos sensores sigam a superfície do solo. No caso da deteção de minas terrestres assistida por robôs, esta função pode ser executada com precisão e segurança, controlando o espaço e a atitude das cabeças dos sensores. Nesta investigação, a eficácia do controlo do espaço e da atitude da cabeça do sensor por um manipulador mecânico no desempenho da deteção de minas terrestres foi abordada quantitativamente. Para o efeito, o documento descreve o desenvolvimento de um Detetor de Metais Controlado (CMD) para controlar o espaço e a atitude da cabeça do sensor.

**ABABEEL UAV**

# CONCEPCAO E IMPLEMENTACAO DE UM VEICULO AEREO NAO TRIPULADO QUADRIRROTOR COM CAPACIDADE DE DETECCAO E VIGILANCIA DE MINAS

## MANUAL DO UTILIZADOR

*Por*

PC Saad Ur Rehman Faiz

NC Amna Ziauddin

Capitão Rashid Mansur

Capitão Umar Khalid

*Supervisor de projeto*

Dr. Adil Masood Siddiqqui

**Objetivo:**

Detetar e marcar com êxito minas metálicas enquanto paira sobre o campo de minas e fornecer vídeo em tempo real para fins de vigilância.

**Equipamento necessário:**

- 1 x Quad-copter UAV completo
- 1 x Detetor de metais
- 1 x Escotilha eletrónica para largar etiquetas de minas.
- 1 x controlador de rádio FMS (6 canais)

**Instalação e funcionamento:**

- Ligar o Quad-copter ligando o conetor entre o controlador de velocidade e a bateria.

Cada controlador eletrónico de velocidade do Quad-cóptero emite 5 bips quando é ligado com sucesso.

- Ligue o radiocontrolador FMS fazendo deslizar a parte inferior exatamente para o centro.

Siga os seguintes passos para ativar a placa KK no Quad-copter.

> Rode o manípulo do acelerador (o manípulo da mão esquerda no controlador) no controlador de rádio para baixo e depois para a esquerda. O LED da placa KK acende-se.

> Fazendo isto, estás pronto para pilotar o Quadcopter.

> Mover o manípulo do lado esquerdo para a frente aumenta a aceleração dos quatro rotores para que o Quad se eleve verticalmente para cima.

> Mover o mesmo manípulo do acelerador para a esquerda e para a direita faz com que

o Quad-copter

rodar sobre o seu próprio eixo ou fornecer o movimento do leme como utilizado em aviões fixos.

> Mover o manípulo do lado direito do quadricóptero para a frente e para trás fornece o movimento do elevador ou o passo. Isto significa que o quadricóptero se move para a frente na direção do motor 1 e para trás na direção do motor 4.

> Mover o lado direito para a esquerda e para a direita proporciona o movimento de rotação que é o voo para a esquerda e para a direita do quadricóptero.

**Precauções:**

- Não voar dentro de portas.
- Utilizar óculos de proteção e bata de laboratório durante os ajustes.
- Não tocar nas lâminas enquanto o quadricóptero estiver a funcionar.
- Não dobre o botão para desligar o transmissor enquanto a placa KK estiver activada, desligue sempre a placa KK movendo o manípulo esquerdo do transmissor para baixo e depois para a direita.
- Não utilizar pilhas gastas.
- Desligue o quadricóptero desconectando os fios entre as baterias e o controlador de velocidade.

**Resolução de problemas:**

- Problemas com o Quad copter

> Certifique-se sempre de que todos os fios e os comandos estão completamente

trabalho antes da tomada de .

> Verificar regularmente os motores.

- Problemas com o transmissor.

> Certifique-se de que as baterias estão totalmente carregadas para evitar perder o controlo da aeronave durante o voo.

> Certifique-se de que não existem frequências de interferência de alta potência a funcionar na zona de voo.

- Problemas nos reguladores de velocidade e nas lâminas

> Certifique-se de que os reguladores de velocidade não aquecem demasiado. Se tal acontecer, mude o controlador de velocidade.

> Retire as lâminas dos motores enquanto ajusta o ganho dos giroscópios e durante os testes. Elas são muito afiadas e podem causar ferimentos graves.

Printed by Books on Demand GmbH, Norderstedt / Germany